V

PAR BREVET D'INVENTION.

# TURBINE-PASSOT,

## NOUVELLE ROUE HYDRAULIQUE

APPROUVÉE PAR L'ACADÉMIE ROYALE DES SCIENCES,

SUR LE

RAPPORT DE MM. ARAGO ET CORIOLIS RAPPORTEUR;

## EXPOSITION DE SON PRINCIPE
## ET DE SES PROPRIÉTÉS;

PAR M. FÉLIX PASSOT,

Professeur de Sciences physiques.

PARIS.

CHEZ L'AUTEUR, RUE DES POSTES, 15;

ET CHEZ CARILIAN JEUNE, QUAI DES AUGUSTINS, 25.

1839.

PAR BREVET D'INVENTION.

# TURBINE-PASSOT,

## NOUVELLE ROUE HYDRAULIQUE

APPROUVÉE PAR L'ACADÉMIE ROYALE DES SCIENCES,

SUR LE

RAPPORT DE MM. ARAGO ET CORIOLIS RAPPORTEUR;

**EXPOSITION DE SON PRINCIPE**

ET

**DE SES PROPRIÉTÉS;**


Par M. Félix Passot,

Professeur de sciences physiques.


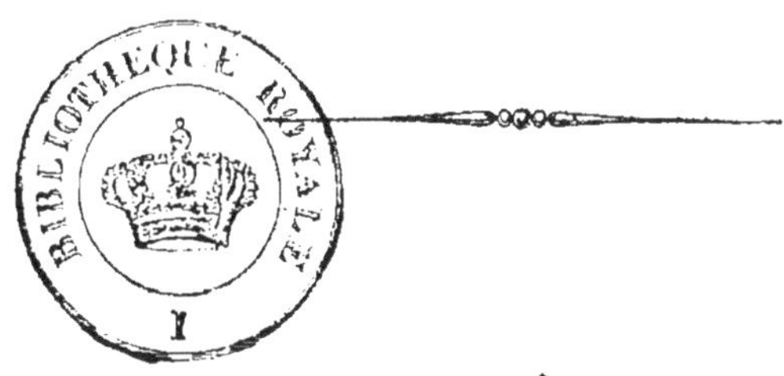



Paris,

CHEZ L'AUTEUR, RUE DES POSTES, 15;

ET CHEZ CARILIAN JEUNE, QUAI DES AUGUSTINS, 25.

1839.

IMPRIMERIE DE E.-J. BAILLY,
PLACE SORBONNE, 2.

A MONSIEUR

**PAUL DE BERGET,**

MON GÉNÉREUX PROTECTEUR.

Faible hommage d'une reconnaissance éternelle !

FÉLIX PASSOT.

# TURBINE-PASSOT.

## NOUVELLE ROUE HYDRAULIQUE.

### EXPOSITION DE SON PRINCIPE ET SES PROPRIÉTÉS.

Voulez-vous le mouvement perpétuel? évitez les chocs et le frottement. Cette réponse rationnelle aux chercheurs d'un mouvement impossible à obtenir, indique du moins la condition de la perfection des machines destinées à faire parvenir la force d'un moteur jusqu'à l'objet qui doit la recevoir. Voulez-vous des machines de transmission parfaites? évitez les chocs et le frottement: évitez les chocs, c'est-à-dire, substituez la pression à la percussion; évitez le frottement, c'est-à-dire, réduisez au plus petit nombre possible les pièces telles que les engrenages destinés à modifier le mouvement pendant son trajet du moteur à l'objet qui doit en recevoir les impressions.

On reconnaît généralement aujourd'hui l'avantage de substituer la pression à la percussion pour tirer d'un moteur le parti le plus avantageux; mais en hydraulique, on ne connaît encore que la pression qui s'opère dans les roues à augets, et cette pression exigeant beaucoup de lenteur dans la roue, nécessite par cela même des engrenages intermédiaires entre le moteur et l'obstacle à vaincre, capables d'absorber par le frottement souvent autant de force qu'on croit en économiser par la substitution de la pression à la percussion. Nous nous sommes demandé s'il n'y avait pas un moyen de produire immédiatement par la pression l'effet utile avec la vitesse voulue par la nature de cet effet, et voici la réponse que nous ont suggérée nos réflexions:

L'eau prise au repos, reçoit sa vitesse, et par conséquent sa force motrice, de deux manières : en tombant librement d'une certaine hauteur, ou en sortant tout-à-coup d'un réservoir dont la hauteur égale celle d'une chute libre dans le vide. Or, il nous a semblé que ce liquide pouvait aussi bien être utilisé, par pression, de la seconde manière que de la première. En effet, il suffit de mettre le récepteur de la force motrice du liquide et ce liquide en présence, dans des circonstances telles que le récepteur prenne la vitesse que prendrait le liquide lui-même en s'échappant du réservoir. Il suffit enfin de substituer directement le récepteur à la veine liquide qui s'échappe d'un réservoir sous le poids des colonnes du réservoir, motrices de cette veine.

Nous allons tâcher de faciliter la distinction de notre système avec tous les systèmes connus, par la comparaison des deux constructions théoriques suivantes :

Soit un vase A B C D contenant un liquide jusqu'à la hauteur E, et un tube F G à sa base, portant un piston destiné à soulever le poids R par la force qu'il recevra de la pression du liquide. Eh bien! ce mode d'agir du liquide est précisément celui des divers systèmes connus.

Il est celui des roues à augets pour le cas où le tube est très grand, comparativement au volume de la veine affluente dans le réservoir.

Il est celui des roues à palettes placées dans les circonstances les plus favorables pour le cas où le tube égale celui qui amène la veine affluente.

Et, enfin, il est celui des roues à aubes courbes pour le cas où l'entrée de ce tube égalant la section de la veine affluente; il augmente graduellement de diamètre jusqu'à parvenir à une section telle que la veine fluide se trouve avoir pris derrière le piston la vitesse voulue pour opérer immédiatement l'effet utile, sans recours à d'autres modifications du mouvement (fig. 2).

Nous voudrions pouvoir démontrer ici l'identité existante entre les différens systèmes connus et ces constructions purement théoriques; mais notre but étant seulement de faire saisir notre pensée, nous renvoyons à un mémoire détaillé, que nous publierons incessamment, pour de plus amples et de plus rigoureuses explications.

En attendant, nous remarquerons que le système des roues à augets, excellent en lui-même, devient désavantageux par les engrenages qu'il nécessite pour arriver d'une vitesse extrêmement lente à celle voulue par la nature du travail, et que les deux autres sont essentiellement désavantageux en laissant au fluide agissant derrière le piston récepteur la quantité de force vive déterminée par la vitesse de ce même récepteur. Et nous avons en faveur de notre opinion la pratique des industriels éclairés, qui a toujours laissé jusqu'ici dans l'abandon les roues à réaction, à force centrifuge, etc.

Il nous a donc semblé, malgré tous les préjugés contraires, qu'il y avait un moyen plus efficace que les précédens pour dépouiller une masse liquide de la force vive due à la hauteur de sa chute, tout en l'utilisant presque immédiatement avec la vitesse voulue par la nature de l'effet à produire. Et ce moyen, nous le répétons, nous l'avons entrevu en imaginant de substituer, sous la pression des colonnes liquides d'un réservoir, le récepteur à la veine qui, dans les autres systèmes, prend une vitesse déterminée par la section du tube d'écoulement. Il nous suffit pour cela de faire arriver le piston récepteur dans le réservoir lui-même, comme le montre la fig. 3.

Il est évident que de cette manière l'action de la masse liquide tout entière du réservoir sur le piston, se réduit à l'effet d'une sorte de contraction sans déplacement sensible de cette masse, et par conséquent sans perte sensible de force vive, puisque le liquide pressant continuellement avec une force vive presque nulle, ne peut faire une perte de cette force qu'il n'a pas. Il tend seulement à occuper la place du piston, en vertu de cette contraction, sans prendre de mouvement de translation dans l'espace; ou, en d'autres termes, à communiquer au piston la force d'impulsion qu'il communiquerait à une veine liquide qui remplacerait ce piston. Car, tant qu'on suppose une partie de celui-ci dans le réservoir, la surface *ab*, qui reçoit la pression est toujours dans le même cas qu'une veine liquide à chasser par un orifice du diamètre du piston.

Reste à savoir maintenant comment il est possible de passer de cette dernière construction purement théorique à une autre tellement pratique, qu'elle soit facilement applicable comme moteur à toutes sortes de machines. D'abord, nous ferons remarquer que notre conception revient tout simplement à la supposition d'un corps solide de la forme du piston, plongeant dans un fluide indéfini qui le presse de tous côtés, excepté de celui dans la direction duquel doit s'opérer le mouvement. Ainsi, nous connaissons présentement tout l'avantage de la réalisation d'une telle conception ; nous en connaissons la supériorité incontestable sur les autres moyens d'utiliser l'eau comme force motrice, et la question revient à savoir comment nous détruirons la pression qui s'exerce d'un côté de notre piston sans affaiblir sensiblement celle qui s'exerce sur les autres côtés. Eh bien ! rien de plus facile. Courbons notre piston récepteur en arc de cercle, comme dans la fig. 4, fixons-le sur la circonférence du fond d'un vase circulaire contenant le liquide moteur ; puis, transformons l'une de ses extrémités en orifice d'écoulement, suivant la tangente de la circonférence. Il est bien évident alors que la pression sera entièrement détruite à cette extrémité, sans être sensiblement affaiblie sur les autres côtés, et principalement le côté opposé à l'orifice.

Voilà notre système dans toute sa simplicité : une masse liquide considérable, en repos, agissant uniquement par son poids à l'intérieur ou à l'extérieur d'une surface cylindrique garnie d'un seul ou de plusieurs pistons récepteurs, prenant dès lors le nom d'aubes, et la surface celui de roue. Nous espérons que les développemens précédens préserveront nos lecteurs de la singulière erreur dans laquelle tombèrent nos juges à l'Académie royale des Sciences, en la déclarant une machine à réaction ; erreur qu'ils furent bien forcés de reconnaître dans une rectification de leur rapport, puisqu'ils avaient contre eux des expériences faites par eux-mêmes avec toute la précision désirable, lesquelles expériences annonçaient une roue hydraulique jouissant de propriétés fort différentes de celles des roues à réaction. Et il devait en être ainsi, car les roues à réaction sont caractérisées par la propriété de communiquer au liquide, pendant son trajet du centre à la circonférence de la roue, la vitesse angulaire de cette même circonférence; tandis que dans notre roue, le liquide ne doit point avoir de mouvement avant son action, et n'en peut recevoir accidentellement de la roue que par la voie du frottement, *puisque la roue ne porte aucune surface capable de lui imprimer le mouvement dont elle est animée*, et que ce sont seulement des orifices suivant la tangente qui tiennent lieu des surfaces agissant sur l'eau dans les roues à réaction.

En vain a-t-on voulu dire qu'il était indifférent que l'eau participât ou ne participât point au mouvement de rotation de la roue, pour que les propriétés fussent les mêmes. L'expérience a fait mentir de fausses théories de la force centrifuge appliquées au mouvement des machines. On croyait faire de la mécanique industrielle rationnelle avec ces équations séduisantes mais erronées, imaginées plutôt que prouvées par les astronomes, pour expliquer le mouvement des corps célestes, et l'on s'est trouvé réduit en face de l'expérience à pousser du moins ce cri sinistre pour d'ambitieux systèmes, que la nature avait des mystères inexplicables pour le moment, même dans la plus simple des machines qu'il fût possible d'imaginer. Eh! certes, nous le savions bien que les théories astronomiques seraient tôt ou tard acculées à ce point, en face d'un terme de comparaison précis pris dans la nature réelle. Nourri dans des idées plus saines, quoique bafoué une première fois par l'Académie royale pour avoir osé émettre notre pensée à ce sujet, nous avons toujours continué à suivre silencieusement les leçons de l'expérience. Aujourd'hui, nous nous trouvons faire de la mécanique industrielle; nous construisons des machines, comme nous faisions autrefois un système du monde en opposition avec celui des Copernic et des Newton. Voilà toute la différence de notre manière de penser et d'agir, avec celle que nous tenions en protestant contre un premier déni de justice. Cette fois, on a eu le courage de rectifier; mais nous ne croyons pas moins ces mots d'explication nécessaires pour prouver que nos machines sont bien à nous, et que des mécaniciens parasites pourraient se trouver refoulés plus loin qu'ils ne pensent en cas de contestation.

Les moyens le plus en usage pour utiliser l'eau, consistent à l'emprisonner dans des augets, ou à lui barrer le passage de manière à ce qu'elle ne puisse s'échapper sans produire en tout ou en partie l'effet qu'on en attend. Fort des principes d'une physique plus raisonnée, nous en agissons autrement. Nos orifices d'écoulement restent constamment ouverts, et cependant, conformément à nos prévisions, l'eau ne s'échappe qu'après avoir été bien utilisée. En effet, la propriété distinctive de notre roue, est de ne dépenser pas plus d'eau par ses orifices pendant son mouvement de rotation, que dans le cas où l'on s'oppose à ce qu'elle prenne ce mouvement. Il en résulte donc que l'eau en sort toujours avec la vitesse due à la hauteur de la colonne de pression, moins celle de la rotation, d'où il suit que le liquide en sort sans force vive, lorsque la vitesse de rotation égale celle de la chute; tandis que, suivant les formules consacrées, il n'y a qu'une vitesse de rotation infinie qui puisse laisser une force vive nulle ou liquide, sortant d'une machine à réaction.

Cette propriété remarquable de notre roue, qui en accuse la bonté, s'explique facilement en partant de son principe. En effet, les aubes de la roue, remplaçant la veine liquide qui s'échappe d'un réservoir, doivent laisser ce liquide sans force vive après leur passage. Les tranches liquides concentriques à la roue qui se trouvent à quelque distance d'une aube, sont donc sans force, sans tendance à s'échapper d'un côté plutôt que d'un autre; il faut donc que ce soit l'orifice lui-même qui se présente pour leur expulsion, et dès lors, elles tombent pour ainsi dire sur le passage de cet orifice, comme de l'herbe sous la faulx du cultivateur. Il ne leur reste précisément que la force nécessaire pour s'éloigner de la roue.

Et l'on conçoit qu'il ne peut en être autrement, car une veine liquide ne s'échappe d'un réservoir qu'en se soustrayant à la pression des colonnes restantes ; et lorsque c'est l'orifice, comme dans notre roue, qui se meut, son effet étant de soustraire également la veine disposée à s'échapper à la pression des colonnes verticales restantes, son mouvement doit nécessairement équivaloir à celui de la veine elle-même. Voilà donc dans ces orifices en mouvement, une sorte de propriété correspondant de la manière la plus admirable à celle de nos aubes ; savoir, de laisser échapper le liquide avec d'autant moins de force vive qu'il y en a plus d'utilisé sur les aubes. Voilà donc une machine d'où le liquide paraît libre de s'échapper sans effet utile, et de laquelle cependant il ne s'échappera qu'autant qu'on lui donnera à produire un travail supérieur au maximum disponible dans ce même liquide. Voilà donc précisément ce qu'on a toujours cherché à obtenir, et ce qu'on n'a jamais obtenu des roues à réaction ou à aubes pendantes dans un fluide indéfini, par la raison que contrairement à ce qui se passe dans la nôtre, il y a d'autant plus de perte de force vive, que la roue prend plus de vitesse, malgré la conséquence opposée de la théorie pour les roues à réaction.

Nous considérons la propriété principale de notre roue, de ne pas plus dépenser d'eau pendant son mouvement que dans le repos, comme tellement caractéristique et d'une si grande importance pour la pratique, qu'on nous permettra, nous l'espérons, d'insister sur tout ce qui s'y rattache. Le premier mouvement de nos juges à l'Académie royale des Sciences, fut de s'inscrire en faux, à son annonce, contre la réalité de son existence jusqu'à preuve contraire. Les preuves furent fournies, les expériences furent variées autant que le permettaient les moyens d'en exécuter de ce genre, à Paris. Elles devinrent toutes plus concluantes les unes que les autres en notre faveur. Et cependant, le rapport de la commission fait foi que nos juges ne pouvaient encore croire à la réalité du principe après les avoir vues. Grâce à notre persistance, il fallut du moins reconnaître les faits sans détour, le jour de la justice arriva. Mais notre rapporteur faisait suivre sa rectification du passage suivant :

« Désirant observer encore ce fait (celui de la constance de la dépense), dans des circonstances plus variées, avant d'en donner une explication, *qui doit tenir à une cause assez difficile à saisir*, je dirai seulement que je ne puis accorder qu'on doive pour cela abandonner, ainsi que le dit M. Passot, les principes de mécanique qui amènent à introduire la force centrifuge pour calculer le mouvement relatif dans la roue, au moyen des forces vives. Mais il ne faut pas perdre de vue que si l'on a besoin d'une autre équation de mouvement que celle des forces vives, comme lorsqu'on veut avoir les pressions, il faut considérer d'autres forces que j'ai appelées *forces centrifuges composées*, dans un mémoire inséré dans le vingt-quatrième cahier du *Journal de l'École polytechnique*. Quoi qu'il en soit de l'explication du fait en question, en reconnaissant que la vitesse effective (d'écoulement) pendant la rotation est inférieure à celle qui avait été calculée jusqu'à présent par les auteurs, je dois reconnaître en même temps que la roue de M. Passot a plus d'avantage que je ne l'avais pensé d'abord, puisqu'elle peut rejeter le fluide avec une vitesse nulle, et sans qu'il y ait de perte sensible de force vive dans l'intérieur. »

D'après l'expérience et ce qu'on vient de lire, le fluide traverse l'intérieur de notre roue sans y éprouver de perte sensible de force vive, et sans cependant en sortir avec une vitesse portant la plus légère trace de l'action d'une force centrifuge. Nous voulons bien que MM. les théoriciens ne puissent pour cela abandonner les principes de mécanique qui amènent à introduire une *force centrifuge*, c'est-à-dire une cause qu'ils reconnaissent sans effet dans notre roue, pour calculer le mouvement relatif du liquide, *au moyen de forces vives.* Nous voulons bien que, s'ils ont besoin d'une autre équation que *celle des forces vives* pour calculer ce mouvement au *moyen de forces vives*, ils puissent recourir à des *forces centrifuges composées.* Dans la théorie comme dans la pratique, chacun porte la responsabilité de ses œuvres. Mais quant aux circonstances variées qu'on dit attendre encore pour concilier la théorie avec la pratique, par une explication sans sacrifices, nous sommes maintenant complétement en état de les fournir. La nécessité de surmonter toutes les difficultés locales dans l'application de nos principes, nous a forcé à essayer successivement toutes les formes qu'il était possible de donner à notre roue. Nous opérions en grand; la roue tournait avec une vitesse capable de donner lieu à une force centrifuge égale à celle de la chute, et cependant cette force problématique ne se faisait sensiblement pas plus sentir dans la dépense pendant le mouvement que dans nos expériences faites au Collége de France avec toute la précision désirable. Il y avait bien parfois une légère dépression dans le niveau du liquide comprimant, mais qui s'expliquait naturellement par la propriété que nous signalerons plus loin dans notre roue, de pouvoir servir comme ventilateur, en déplaçant les fluides sans leur imprimer réellement aucune force centrifuge.

Prenant donc enfin le fait en question, tel que nous le donne constamment la nature à défaut de la théorie, pour le mettre à son tour en équation, voici ce que l'on obtiendra : En appelant M la masse du liquide employé, P son poids, H la hauteur de la chute ou du niveau du liquide au dessus des orifices, V la vitesse due à cette chute, et $v$ la vitesse de rotation de la roue, on aura $MV^2$ pour la force vive totale du liquide, $M(V-v)^2$ pour la force vive qui lui reste au sortir de la roue; puis retranchant l'une de ces forces de l'autre pour obtenir l'effet utile, il vient,

$$Pv = M[V^2 - (V-v)^2] \text{ ou } Pv = M(2V-v)v;$$

quantité qui étant différenciée par rapport à $v$ donne $v = V$, ainsi que nous l'avons annoncé pour condition de son maximum, et $Pv = MgH$ pour valeur de ce maximum.

Toutefois, nous devons nous empresser de déclarer franchement, qu'un tel résultat n'est pas plus facilement réalisable dans notre roue que tous les autres maximums indiqués par la théorie pour les autres roues; il ne nous est donné que d'en approcher plus ou moins près, comme du mouvement perpétuel. Mais nous avons l'avantage de connaître au moins en quoi consiste cette perte d'effet utile, inévitable dans la pratique. En effet, la roue ne peut prendre et n'a jamais effectivement pris d'elle-même une vitesse supérieure à celle due à la chute, et lorsqu'on lui communique artificiellement cette vitesse à l'aide d'une force étrangère, la dépense du liquide n'en varie pas davantage, elle reste sensiblement la même que dans tous les autres cas. Cependant la force vive est entièrement épuisée, et il n'y a point d'effet utile correspondant de produit à l'extérieur. Or, nos aubes étant comme autant de flèches qui se meuvent au milieu d'un fluide en repos, il est évident que ce fluide doit se comporter derrière chacune d'elles comme derrière un bateau à vapeur, par exemple; c'est-à-dire qu'il doit s'y former un sillage, ou en d'autres termes, une agitation bien capable de consommer autant de force motrice qu'il en manque dans l'effet utile produit à l'extérieur; et si une telle perte de force vive a lieu pour une vitesse supérieure à celle de la chute, elle doit également avoir lieu, toute proportion gardée, pour une vitesse égale ou inférieure, par la raison qu'il y a toujours dans les effets la même continuité et la même progression que dans la cause. Voilà, certes, un article de notre profession de foi qui ne nous fera pas accuser de charlatanisme. Nous pourrions nous fortifier auprès des industriels pour gagner plus facilement leur confiance en nous en tenant simplement aux termes de la rectification académique qui ne reconnaît pas de cause de perte de force vive dans notre roue; mais nous aimons mieux nous placer nous-même dans le vrai que de nous laisser établir par autrui dans un état contre nature.

Telle est notre manière de penser et d'agir en toutes circonstances.

Et d'ailleurs, puisque la cause de cette perte de force est connue, il nous est facile d'empêcher que l'on n'abuse de notre aveu en se l'exagérant. D'après le principe de Bernouilli, la pression qu'exerce un courant liquide contre la paroi du canal qui le contient, est égale à celle due à la chute, moins la partie de cette hauteur qui a fourni la vitesse du courant. Appliquant ce principe au mouvement d'un filet liquide quelconque, au milieu d'une masse liquide en repos, on voit que la marche de ce filet doit sans cesse être entravée comme par suite de l'éboulement de la paroi liquide qui le contient. C'est-à-dire, que dès qu'un tel filet existe, les particules environnantes tendent à le pénétrer, et par conséquent à partager sa vitesse. De là des chocs et des entraînemens mutuels qui ne peuvent exister sans une perte considérable de force. De là enfin la cause de ces coefficiens de réduction qu'on est obligé d'introduire dans le calcul de la dépense du liquide par des orifices quelconques.

Eh bien! puisque le liquide agit sur nos aubes comme il agirait sur une veine pour l'expulser par un orifice, la perte de force n'est pas autre chose que celle indiquée par le coefficient de réduction de la dépense, qui aurait effectivement lieu si l'aube était réellement remplacée par un orifice de même dimension. Or, cette perte de force ne peut se répéter à notre désavantage sur les orifices réels d'écoulement de notre roue, puisque ce qui s'y passe est indifférent pour son mouvement. Elle n'existe donc que pour les aubes; mais dans quel système, dans quelle machine n'existe-t-elle pas, indépendamment même de la perte de force qui a lieu par le choc du liquide contre les récepteurs dans ces systèmes? Quel est le calcul de la dépense d'eau utilisée sur une machine, dans lequel il ne faille pas de toute nécessité faire entrer un coefficient de réduction? C'est au point que si la théorie ne peut indiquer d'autre cause de perte de force, cela ne saurait nous empêcher de soutenir que notre roue est capable de donner

100 pour 100 comparativement à l'effet utile des autres roues.

La réalité est, qu'elle nous a toujours donné un chiffre plus près de 80 que de 60 pour 100. Notre savant Rapporteur à l'Académie nous a avoué qu'elle lui avait donné, dans une expérience particulière, un chiffre au dessus de 75. Malheureusement les localités ne nous ont pas encore permis de pouvoir mesurer assez exactement l'eau dépensée dans nos essais en grand, pour pouvoir donner ici un chiffre définitif. Nous avons été obligé de nous en tenir aux approximations les plus satisfaisantes qu'il nous était possible d'espérer. Nous demandions aux personnes présentes, si elles avaient jamais cru que l'eau qu'elles voyaient couler au bas de la roue était capable de produire le travail qui s'exécutait sous leurs yeux, et leur réponse négative nous dédommageait amplement de la privation des moyens d'obtenir des estimations plus précises.

Maintenant, reprenons encore pour un instant notre formule théorique $Pv = M(2V - v)v$. Son inspection suffit pour en démontrer un autre avantage, non moins précieux dans la pratique que tous ceux dont nous avons déjà parlé ; c'est de pouvoir laisser prendre à la roue une vitesse $v$ fort différente de V, sans cependant s'éloigner beaucoup du maximum d'effet. Pour $v = \frac{2V}{3}$, par exemple, on ne perd qu'un neuvième de l'effet total, et pour $v = \frac{V}{2}$ l'on ne perd qu'un quatrième, tandis que pour toutes les autres roues, des vitesses aussi différentes de celles qui conviennent au maximum d'effet, entraînent des pertes telles que les roues en sont mises hors de service : et cet inconvénient est grave pour les constructeurs. C'est par là que les plus habiles se trompent quelquefois, surtout pour les roues à augets qui se trouvent malheureusement les plus coûteuses, et que toute leur entreprise se trouve manquée. Eh bien ! plus d'aussi fâcheux mécomptes à craindre avec notre système. Notre théorie laisse à cet égard une latitude qui s'accordera parfaitement, tant avec le peu d'habileté de la plupart des constructeurs de campagne, qu'avec les changemens accidentels du niveau des rivières capables de faire varier la hauteur de la chute disponible. Et une série d'expériences faites au frein sur une grande roue est venue pleinement confirmer cette conséquence de notre formule.

L'exposition précédente étant sufisamment comprise, il ne reste que peu d'explications à donner sur les moyens d'appliquer le principe dans toutes les circonstances. Les aubes devant être considérés comme des orifices d'écoulement, aussi bien que les orifices réels qui leur sont opposés, il suffit dans la pratique de les éloigner autant que possible de ces derniers, comme s'il s'agissait d'empêcher deux orifices voisins, dans un vase quelconque, de se nuire mutuellement, sous le rapport de la dépense. D'abord, cette exigence est d'autant plus facile à satisfaire, que les aubes et les orifices sont placés sur une circonférence de cercle, de telle manière qu'on ne peut éloigner les uns des autres, sans les placer dans des directions de plus en plus différentes; ensuite la roue en devient d'une simplicité et d'une économie de construction extrême, car les aubes ne se trouvent plus que des pièces triangulaires n'exigeant aucun calcul pour arriver à la perfection qu'elles comportent, et clouées tout simplement de distance en distance sur une surface cylindrique. Moins elles seront multipliées, meilleure en sera la machine. On est libre, lorsqu'on a une grande quantité d'eau à dépenser sur une roue d'un petit diamètre, de leur donner en profondeur ce qu'on ne peut leur donner en nombre et en largeur. La roue en devient plus haute, les orifices rectangulaires prennent la forme des pinnules d'un instrument de mathématiques ou des meurtrières d'une tour. Mais comme le dégagement du liquide peut aussi bien avoir lieu sous l'eau que dans l'air, on en est quitte pour établir la roue à une plus grande profondeur au dessous du niveau moyen du bief inférieur, et de cette manière le dégagement s'opère sans perte sensible de chute.

Notre roue est encore susceptible de prendre des formes relatives à la chute disponible. Pour les grandes chutes, la forme d'une tabatière plate, surmontée d'un tube et d'un entonnoir, lui suffit; fig. 5. La pression y est déterminée par le poids de la colonne liquide contenue dans le tube. On nous a souvent objecté que cette construction avait pour inconvénient de rendre l'appareil trop lourd, tant par le poids du liquide contenu dans le tube, que par celui du liquide contenu dans la roue. A cela, nous répondons que l'objection porte presque entièrement à faux pour les grandes chutes; car, dans toute machine, le pivot ou le tourillon de la roue doit toujours être le point d'appui d'une force égale à la puissance et à la résistance du moteur, puisque la machine revient toujours à un levier du premier genre. Or, dans notre système, la puissance doit équivaloir au poids d'autant de colonnes liquides qu'il y a d'orifices ayant pour base la section de ces orifices, et pour hauteur la hauteur même de la colonne centrale. Pourvu donc que nous ne donnions pas à cette colonne une base plus grande que la somme des sections de tous les orifices, notre appareil restera aussi léger qu'il est permis de le construire. Eh bien! rien ne nous impose l'obligation de lui donner une plus grande base. La vitesse du liquide pendant sa chute y sera, il est vrai, égale à la vitesse de l'écoulement par les orifices, mais cette vitesse diminuera par des gradations insensibles à mesure que les tranches liquides passeront du centre à la circonférence; c'est-à-dire qu'elle se transformera insensiblement en pression, et dès lors l'action du liquide sur la roue sera la même que sous la pression d'une masse ayant pour base la roue tout entière, et pour hauteur celle de la colonne.

L'objection ne prend de l'importance que pour les petites chutes, pour les chutes d'un mètre et au dessous, par exemple. Là, il convient pour l'économie des forces aussi bien que pour la simplicité de l'appareil, de donner à celui-ci partout le même diamètre, c'est-à-dire de confondre la roue avec le tube et son entonnoir en un seul cylindre; mais comme l'on a aussi à ménager la chute pour ne pas en consacrer, à la vitesse d'arrivée du liquide, une trop grande partie, on serait obligé de donner à la roue des dimensions telles que le poids du liquide en deviendrait incommode, et que l'on ne pourrait faire prendre à l'appareil une vitesse de rotation donnée par la seule réduction de son diamètre. Ce qui, en un mot, en rapprochait indirectement les propriétés de celles des roues à augets que nous voulons éviter. Eh bien! nous prévenons toutes ces difficultés en faisant agir l'eau par l'extérieur. Nous plaçons nos aubes en dehors de la roue, et celle-ci en amont de la vanne de décharge de la chaussée. L'eau entre suivant la tangente et sort de la roue par sa base dépourvue d'un fond. Ce qui fait revenir notre roue à un simple cylindre de la plus grande légèreté possible, tournant sur un trou pratiqué au plancher servant de sol à la chaussée. C'est à peu près une simple transformation des vannes ordinaires en roues hydrauliques au moyen d'un ployement en cylindre et de l'addition des quelques liteaux triangulaires que nous appelons des aubes.

La figure 6 représente une roue ainsi construite et plongeant entièrement dans le liquide. Sa partie supérieure a même été diminuée afin de faciliter le passage du liquide par dessus la roue, lorsque l'emplacement n'est pas assez grand pour lui permettre d'arriver à son arrière en assez grande abondance par les flancs; car on conçoit que la régularité du mouvement exige une pression aussi égale que possible sur tous les côtés.

Un vannage commode est une des choses de la plus grande importance dans les roues hydrauliques. Eh bien! nous avons encore été assez heureux pour le rendre aussi simple dans notre système que la construction des roues elles-mêmes. Ce n'est le plus souvent qu'un disque ou fond mobile de la roue qui en glissant dans celle-ci augmente ou diminue à volonté les orifices d'écoulement au moyen d'un système de tringles et d'une vis surmontant l'arbre vertical.

En résumé nous avons donc un système de roues hydrauliques pour toutes sortes de chutes, présentant les avantages suivans

1° D'utiliser l'eau par pression, c'est-à-dire de la manière la plus avantageuse pour la dépouiller entièrement de toute sa force.

2° De l'utiliser en lui faisant produire immédiatement la vitesse voulue par la nature du plus grand nombre des produits industriels. Les roues à augets exigent une vitesse extrêmement lente pour condition de leur maximum d'effet. Les roues à réaction exigent au contraire une vitesse infinie. La nôtre se trouve tenir le milieu désirable enre ces deux extrêmes, puisqu'elle donne théoriquement son maximum d'effet en tournant avec la vitesse due à la hauteur de la chute, par conséquent elle dispense d'une foule de ces engrenages modificateurs qui consomment en pure perte une partie notable dans la force, dans les systèmes connus.

3° De pouvoir tourner avec des vitesses fort différentes sans cependant que son effet utile s'éloigne beaucoup du maximum.

4° La simplification dans le mécanisme amène un autre avantage non moins précieux, c'est le peu de frais d'entretien qu'il exige ; car la pression étant continue, et les pièces de transmission peu composées dans notre système, les chocs et les ébranlemens permanens disparaissent, parce que toute la force passe bien du moteur à l'effet utile à produire.

5° Les inondations ne sont plus à craindre avec notre roue, puisqu'elle fonctionne aussi bien sous l'eau que dans l'air ; avantage immense pour les usines situées sur des cours d'eau sujets à des débordemens.

6° Notre roue peut encore très bien être utilisée, ainsi que nous l'avons annoncé, comme ventilateur, soit pour changer l'air des mines, des salles d'hôpitaux, etc., soit pour en fournir aux fourneaux de fonderies. Nous l'avons essayée comme telle en la faisant tourner dans la direction indiquée par la flèche de la figure 5, et nous pouvions juger de la force d'aspiration que son mouvement déterminait à l'entrée de la roue par un courant de fumée qui s'y dirigeait en s'éloignant de la verticale. En la faisant tourner dans un sens contraire le tirage devenait presque insensible, quoique l'air, mis en mouvement par les aubes, tourbillonnât violemment autour de la roue. La raison de cette différence nous semble facile à saisir. Dans la première direction on fait simplement dévier les tranches d'air qui touchent à la circonférence de la roue, on ne leur imprime précisément que la quantité de mouvement nécessaire pour se faire livrer passage en les rejetant en dehors; il n'y a donc qu'un simple déplacement, il ne peut donc en résulter qu'un simple courant de l'intérieur à l'extérieur de la roue. Mais dans la seconde direction les choses se passent bien autrement; les aubes impriment à l'air un mouvement de rotation égal à celui de la roue, et il en résulte une force centrifuge qui détermine la sortie de l'air par les orifices: or, comme cette force est nécessairement très faible par suite du peu de masse du fluide, il ne faut pas s'étonner qu'il en passe moins; et de plus, en s'échappant suivant la tangente avec la vitesse de la roue, il perd encore de sa force en communiquant un mouvement de tourbillonnement à l'air extérieur inutile pour l'obtention de l'effet désiré.

La différence de ces deux résultats montre bien que notre roue diffère essentiellement de celles qui ont été mises jusqu'ici en usage pour le même but. L'on ne connaît jusqu'à présent que des roues à force centrifuge, et l'expérience prouve au contraire que la nôtre doit sa supériorité à la non intervention de la force centrifuge, de cette force qui ne peut faire éloigner les corps du centre suivant la tangente, qu'autant qu'on leur a préalablement imprimé un mouvement plus ou moins violent de révolution.

7° Puisque notre roue est capable de déterminer des courans d'air avec une grande économie de force sur les autres systèmes, nul doute qu'elle ne le soit également de déterminer des courans d'eau, et en donnant à ces courans une direction verticale nous aurons une machine à élever l'eau capable de remplacer avantageusement les pompes, le bélier hydraulique, la vis d'Archimède, etc., toujours par l'application d'un principe différent de celui d'après lequel fonctionnent les machines à force centrifuge.

Tels sont les principaux avantages que l'industrie pourra recueillir de l'adoption de notre système, avantages dont le plus grand nombre sont déjà pleinement confirmés par l'expérience. Enfin nous sommes à l'œuvre, et nous avons eu jusqu'ici la satisfaction de voir tous nos travaux couronnés par le succès le plus encourageant.

Nous n'avons pas craint de commencer l'application en grand de notre principe sur une rivière, la rivière de Chartres, présentant à la fois les deux principales difficultés réunies : de faibles chutes et des variations considérables de niveau. L'entreprise était presque téméraire. D'autres tellement plus avancés que nous dans les faveurs académiques, que ce n'est pas la bonne volonté qui a manqué à nos juges pour les exalter à nos dépens à l'occasion du rapport à faire sur notre travail, ont reculé jusqu'ici devant les difficultés en se retranchant bravement derrière une demande d'argent exagérée. Nous avouerons franchement que nous avons eu à payer le tribut de patience que la nature semble imposer sans exception à tous les inventeurs dans l'application de leurs idées ; mais nous ne nous sommes retiré qu'avec la démonstration que le problème était avec nos principes d'une solubilité presque inespérée par sa simplicité. Nous n'avons opéré qu'avec des appareils économiques d'essai, et dès lors nous avons pu promettre des constructions définitives avec toutes les garanties désirables. Et si nous pouvons les promettre pour des chutes au dessous d'un mètre, à plus forte raison les promettons-nous, par la présente publication, pour des chutes supérieures, renvoyant, quant à présent, à d'autres détails à donner et à une autre publication pour les applications, en partie seulement ci-dessus indiquées, de notre système aux fluides élastiques.

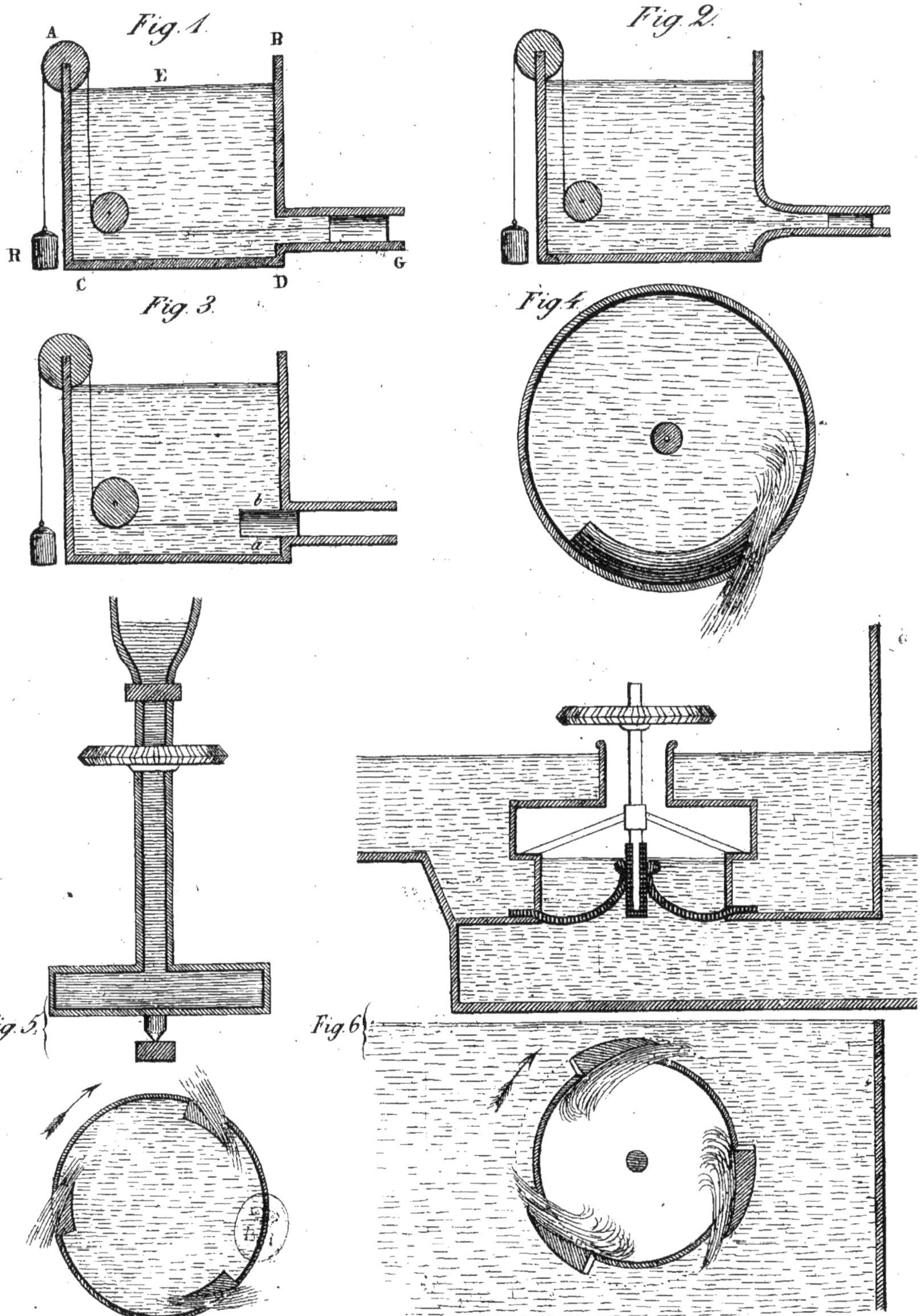
Fig. 1.
A
B
E
R
C
D
G
Fig. 2.
Fig. 3.
b
a
Fig. 4.
Fig. 5.
Fig. 6.

# ADDITION.

Puisque, pour mieux établir notre droit de propriété, nous avons été amené à exprimer plus que des doutes sur la solidité du système planétaire moderne, nous dirons, ou plutôt nous répéterons ici toute notre pensée avec nos preuves en main. Ce système n'est qu'une pure méthode analytique, une sorte de tableau synoptique imaginé pour se représenter plus facilement l'ensemble des observations. La réalité lui manque essentiellement, par la raison qu'il est physiquement impossible. Mais pour ne pas nous engager dans une discussion trop élevée, nous nous contenterons pour aujourd'hui d'en mettre la théorie en présence des faits. Un de nos savans les plus illustres, M. Coriolis, nous a singulièrement facilité le travail, en essayant d'appliquer cette théorie aux phénomènes de la mécanique usuelle. Nous allons en profiter. Voici comment il s'exprime dans son mémoire :

« La détermination du mouvement d'un système de corps liés d'une manière quelconque à des points qui sont entraînés dans l'espace, est une des questions qui intéressent le plus la théorie des machines, et particulièrement celle des roues hydrauliques. Jean Bernouilli a traité le mouvement d'un point matériel pesant dans un tube droit tournant horizontalement d'un mouvement uniforme autour d'un de ces points. M. Ampère, dans les *Annales de mathématiques*, a résolu la question analogue pour le cas où le tube décrit un cône vertical. On peut généraliser ces questions en considérant le mouvement dans un canal entraîné dans l'espace d'une manière quelconque; mais ce dernier problème n'est encore qu'un cas particulier de celui dont je me suis occupé dans ce mémoire : il comprend les mouvemens d'une machine quelconque dont certaines parties sont entraînées d'un mouvement donné. J'ai trouvé relativement à cette question une proposition assez générale qui, je crois, n'a pas encore été donnée : voici en quoi elle consiste.

« Si un système de points matériels soumis à des forces est assujéti à des liaisons s'exprimant au moyen de coordonnées relatives à des plans qui se meuvent d'une manière quelconque; dans le mouvement par rapport à ces plans, on peut appliquer l'équation des forces vives en y faisant entrer les vitesses relatives, et les quantités d'action ou de travail qui se rapportent aussi aux déplacemens relatifs. Mais dans ces quantités d'action, en outre des forces qui sont immédiatement données et qui concourent au mouvement absolu, il faut en considérer d'autres dont il est facile d'indiquer la nature : elles sont opposées aux forces qu'il faudrait appliquer aux points matériels du système s'ils étaient libres, pour les obliger à conserver par rapport aux plans mobiles les positions relatives qu'ils ont à un instant donné, et à n'avoir ainsi que le mouvement qu'ils prendraient s'ils venaient à être invariablement liés à ces plans.

« Pour mieux faire comprendre cette proposition par un exemple, nous supposerons ici qu'il s'agisse du mouvement d'un courant fluide glissant par l'effet de son poids dans un canal, pendant que celui-ci prend un mouvement de rotation autour d'un axe vertical. Dans ce cas, le principe qu'on vient d'énoncer apprend que, pour calculer l'accroissement de la demi-somme des forces vives du fluide, en n'ayant égard qu'aux vitesses relatives au canal, il faudra ajouter à la quantité d'action due à la descente verticale de son centre de gravité, celle qui, dans le même mouvement relatif, résulterait pour chaque point d'une force de répulsion égale à la force centrifuge fictive que ce même point produirait à chaque instant si, contrairement à ce qui arrive, il restait à la place où il se trouve dans le canal et décrivait simplement un cercle autour de l'axe de rotation. »

Pour quiconque est un peu familiarisé avec le langage et les méthodes de la haute analyse, la proposition de M. Coriolis revient clairement à celle-ci : *Moyennant les forces centrales de la théorie newtonienne, un système de corps comme les planètes ne différera en rien de ceux qui constituent nos machines usuelles les plus compliquées.* Et l'exemple qu'il cite pour mieux se faire comprendre étant appliqué à notre roue, veut dire que dans tous les cas l'eau en doit sortir avec la vitesse due à la hauteur de la chute, plus celle due à la force centrifuge du mouvement de rotation de la roue, comme si le liquide participait effectivement à ce mouvement, ainsi que cela arrive dans les roues à réaction connues. Eh bien ! maintenant, voici les faits rapportés par M. Coriolis lui-même à l'Institut :

Il disait dans un premier rapport : « M. Passot a fait devant l'un des commissaires des expériences desquelles il résulte que lorsque le tube qui amène l'eau dans le tuyau central n'a pas un diamètre un peu grand par rapport aux aires des orifices par où l'eau sort de la roue, le débit qui aurait dû être augmenté par l'effet de la force centrifuge, quand la roue tournait, n'était pas sensiblement plus grand que quand la roue ne tournait pas. Cette circonstance *ne peut s'expliquer* que par l'effet du tube central, ajoute-t-il ; la quantité de liquide écoulé devant être plutôt réglée par ce tube que par les orifices, et cela en raison de la perte de force vive due au choc de la veine à son passage du tube dans la roue. »

Cependant nous pensions avoir fait devant M. Coriolis des expériences avec des roues dont les proportions dans les parties indiquées étaient si différentes, qu'elles impliquaient une démonstration du fait en question pour tous les cas possibles. Aussi, sur notre réclamation, notre savant rapporteur s'empressa-t-il de nous rendre une complète justice en rectifiant publiquement son rapport dans les termes suivans :

« J'ai dit dans mon rapport que M. Passot avait fait devant moi des expériences desquelles il résultait que le débit de la roue était sensiblement le même, soit qu'elle fût en repos, soit qu'elle tournât assez rapidement. N'ayant d'abord vu dans cette expérience qu'une constance plus ou moins approximative dans le debit, j'avais pensé que le fait pouvait tenir à la perte de force vive au passage du tube vertical dans le tonneau inférieur. Cette perte pouvait, en effet, diminuer l'influence de la rotation sur l'accroissement du débit ; mais il est juste de dire, ainsi que M. Passot le fait remarquer dans sa réclamation, que cette perte ne peut expliquer une constance parfaite. Ayant refait moi-même cette expérience avec soin, j'ai reconnu que le mouvement de rotation a tellement peu d'influence sur le débit, qu'on ne peut en trouver la raison dans une perte de force vive, qui d'ailleurs est faible, ainsi que je l'ai reconnu en comparant le débit effectif avec celui que donne la théorie. »

Puis cédant entièrement à l'entrainement du plaisir d'acquitter un devoir de conscience, sans plus se laisser préoccuper de l'autorité des auteurs que de la sienne en semblable matière, il ajoutait généreusement :

« *Quoi qu'il en soit de l'explication du fait en question, en reconnaissant que la vitesse effective, pendant la rotation, est inférieure à celle qui avait été calculée jusqu'à présent par les auteurs, je dois reconnaître en même temps que la roue de M. Passot a plus d'avantages que je n'avais pensé d'abord, puisqu'elle peut rejeter le fluide avec une vitesse presque nulle et sans qu'il y ait de perte sensible de force vive dans l'intérieur.* »

Ainsi voilà un fait consacré officiellement en pleine Académie. Nous avons une roue dont la théorie ne se trouve point comprise dans ces formules si vastes et si élastiques qu'elles se prêtent à l'explication de tous les mouvemens célestes observés jusqu'ici. Et il ne s'agit plus ici d'une de ces difficultés que des études ultérieures pourront faire disparaître, il s'agit d'un fait directement en opposition avec une des conséquences les plus immédiates de la théorie moderne des astronomes : il s'agit d'un démenti formel. Mais sur quelle partie du système porte donc un tel démenti? Hélas! les termes du mémoire de M. Coriolis l'indiquent assez. Elle porte évidemment sur l'application du principe des forces vives au mouvement relatif; ou bien, si l'on veut une formule précise d'accusation, elle porte sur l'application du principe de la mécanique usuelle ou mouvement circulaire d'un corps autour d'un point ayant lui-même un mouvement quelconque dans l'espace ; enfin elle porte sur le mouvement épicycloïdal des planètes autour de leur prétendu centre commun de gravité. Oui, sur le mouvement épicycloïdal des planètes! Sur le mouvement de la terre, par exemple, autour du centre commun de gravité qu'on suppose exister entre elle et la lune. Les Coperniciens n'ont eu jamais rien de mieux à objecter à leurs adversaires que les inconvéniens d'un tel mouvement ; et il est curieux d'apercevoir que les Newtoniens succomberont précisément par l'impossibilité d'expliquer le même mouvement avec les seules ressources de la théorie des forces centrales. Mais lorsque Newton fut arrivé à la théorie de son mouvement autour du centre commun de gravité, sans s'inquiéter de la possibilité physique, le système de Copernic était établi. On ne se souvenait plus d'avoir abandonné les systèmes précédens pour éviter les épicycles. L'esprit philosophique, aussi faible, aussi inconstant que celui de la mode, fut subjugué par la nouveauté du mot *attraction.* Et dès lors il se repose paisiblement sur la doctrine des droits acquis par les professeurs!

Il est évident que si l'on posait *ex abrupto* cette question à l'un de nos astronomes : Le mouvement circulaire d'un corps autour d'un point mobile dans l'espace, est-il possible en vertu d'une impulsion primitive et d'une force d'attraction quelconque constamment dirigée vers ce point? Il répondrait négativement. Mais s'il soupçonne que vous veuillez parler de la terre, oh! c'est différent. La puissance magique du mot *système de corps* lèvera toutes les difficultés. Dès que la force attractive est déterminée par la présence d'un second corps toujours dans une situation opposée à celle du premier par rapport au point mobile, l'impossibilité disparaît. Il y a système de corps et les grands principes de *conservation du centre de gravité*, de *conservation des forces vives*, ou bien les conséquences inexactes qu'on en tire ne sont plus susceptibles d'être remises en question même par suite d'une réduction à l'absurde. Autre exemple. Un pendule est un corps assujéti à se mouvoir autour d'un point *fixe* au moyen d'une tige inflexible. Par conséquent point de régularité dans le mouvement du pendule si le point d'appui est mobile. Mais si tous les corps qui avoisinent le pendule sont emportés dans l'espace avec une vitesse égale à celle du point de suspension du pendule, comme l'implique la supposition du mouvement de rotation de la terre, ils constituent par cela même un système de corps commun avec lui, et dès lors l'impossibilité physique disparaît. En vain direz-vous qu'il faut quelque chose de plus qu'une vitesse commune pour constituer un système de corps, qu'il faut des liaisons se réduisant à des forces réelles, telles que le contact ou des pressions équivalentes; on feindra de ne pas vous comprendre, ou l'on vous accusera de ne pas comprendre vous-même ce que vous attaquez. La magie des mots sacramentels de la science est là pour rendre tout possible, tout réel et tout certain. Donc le doute n'est plus permis.

On nous pardonnera bien ici en faveur de la droiture de notre intention les premiers traits d'un tableau qui est loin d'être chargé. Les docteurs de la science du jour se montrèrent à notre égard au début de notre carrière beaucoup plus *péripatéticiens* encore que tout cela.

Nous avons cruellement été éprouvé lors de la première émission de notre pensée, par les juges que nous avait donnés l'Académie. Réduit à faire d'une des carrières de Montrouge notre chambre à coucher, nous n'en sortions que pour venir solliciter un rapport bon ou mauvais, à défaut des explications qu'on nous avait d'abord promises et qu'on ne voulut plus nous donner après avoir pris connaissance de notre manuscrit. Pour ne pas compromettre la vérité nous ne voulions pas nous retirer sans rapport, sauf à protester contre l'inexactitude de son contenu. Ce rapport fut aussi brutal qu'il était possible de le faire, et l'on s'en rapporta probablement à l'amour de la vie, pour nous délivrer de notre préoccupation par la nécessité de nous occuper d'autre chose pour vivre que du système du monde. Eh bien! loin de nous la pensée de vouloir aujourd'hui offenser personne par d'aussi cruels souvenirs. Un savant à la fois illustre et homme d'honneur, a dignement réparé pour l'Académie, sans s'en douter, les torts dont nous pouvions avoir à nous plaindre. Mais nous croyons utile de faire remarquer combien l'esprit de système peut être funeste, même pour le progrès de l'industrie, en posant dogmatiquement de fausses bornes à l'esprit d'invention, puisqu'on a commencé par nous nier la possibilité d'un fait maintenant officiellement constaté; puisqu'encore dans cette dernière communication, un de nos juges à l'Académie a été, comme membre du comité administratif des arts et manufactures, jusqu'à nous faire écrire officieusement par le ministre du commerce que notre idée ne valait pas la dépense des frais d'obtention d'un brevet d'invention. Pardon pour tous! encore une fois; mais à la condition que personne n'oubliera la leçon relativement aux funestes effets de l'esprit de système.

# SECONDE ADDITION

## A L'EXPOSITION DU PRINCIPE ET DES PROPRIÉTÉS

### DE LA

# TURBINE-PASSOT.

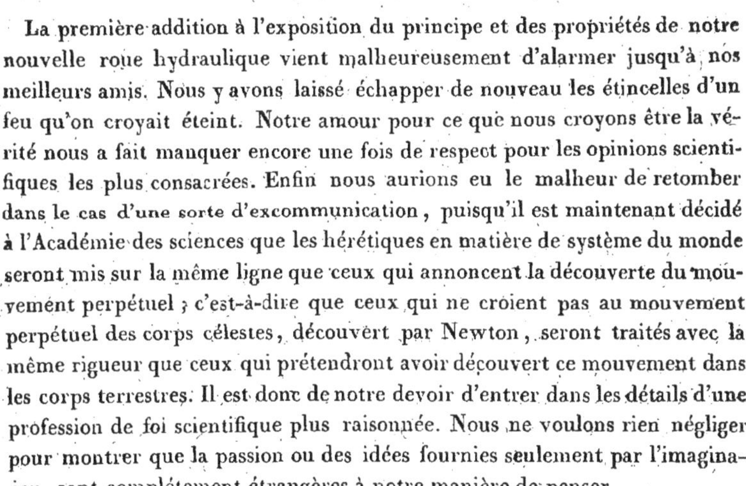

La première addition à l'exposition du principe et des propriétés de notre nouvelle roue hydraulique vient malheureusement d'alarmer jusqu'à nos meilleurs amis. Nous y avons laissé échapper de nouveau les étincelles d'un feu qu'on croyait éteint. Notre amour pour ce que nous croyons être la vérité nous a fait manquer encore une fois de respect pour les opinions scientifiques les plus consacrées. Enfin nous aurions eu le malheur de retomber dans le cas d'une sorte d'excommunication, puisqu'il est maintenant décidé à l'Académie des sciences que les hérétiques en matière de système du monde seront mis sur la même ligne que ceux qui annoncent la découverte du mouvement perpétuel ; c'est-à-dire que ceux qui ne croient pas au mouvement perpétuel des corps célestes, découvert par Newton, seront traités avec la même rigueur que ceux qui prétendront avoir découvert ce mouvement dans les corps terrestres. Il est donc de notre devoir d'entrer dans les détails d'une profession de foi scientifique plus raisonnée. Nous ne voulons rien négliger pour montrer que la passion ou des idées fournies seulement par l'imagination, sont complétement étrangères à notre manière de penser.

1. Pour communiquer du mouvement à un corps, il ne faut pas seulement une force, il faut encore du temps. Ce mouvement est toujours le produit de la force par le temps pendant lequel dure son action. L'effet d'une force est donc toujours proportionnel au temps, et à *la racine carrée* de l'espace parcouru pendant son action, quelque petits qu'on suppose ce temps et cet espace.

2. Les obstacles en plus ou moins grand nombre qui peuvent altérer un mouvement reçu, sont nécessairement à la suite les uns des autres dans l'espace. Et s'ils y sont uniformément répandus, le mouvement qu'ils sont capables de faire perdre, sans cependant altérer sensiblement la vitesse du mobile, est nécessairement le produit de la résistance du premier point par l'espace parcouru. Ce produit qu'on appelle aussi *travail*, est donc nécessairement *proportionnel* à l'espace parcouru.

3. Si donc l'effet de la force ou de la puissance est toujours proportionnel à

la *racine carrée* de l'espace, et celui de la résistance proportionnel *directement* à cet espace, il s'ensuit qu'il est impossible d'obtenir jamais un mouvement uniforme en faisant agir simultanément la puissance sur la résistance dans une combinaison quelconque. Il ne peut y avoir à la fois continuité d'action et uniformité de mouvement dans une combinaison de ce genre. Une équation qui supposerait cela renfermerait évidemment une absurdité, en supposant une sorte d'équilibre mobile entre des quantités qui ne peuvent jamais être constamment égales, puisqu'elles ne croissent pas dans le même rapport.

4. Nous n'ignorons pas que l'on s'est appuyé jusqu'ici sur une idée assez spécieuse pour égaler sans scrupule, comme on l'a fait, la puissance à la résistance dans les machines en mouvement. L'effet de la puissance est proportionnel au temps, celui de la résistance pendant un travail uniforme l'est également; donc, etc. L'erreur vient précisément de la fausse supposition de l'uniformité. La puissance égale la résistance en statique, mais jamais en dynamique. La formule $Mv = M\sqrt{2gh}$, qui exprime la quantité de mouvement reçue par un mobile en vertu de l'action d'une force accélératrice quelconque pendant un temps aussi petit qu'on voudra le supposer, implique toujours un espace $h$ parcouru. Si vous faites le temps $t=1$, $h$ égalera $\frac{g}{2}$, $Mv = Mg$, la valeur de $g$ devient la vitesse initiale, en vertu de laquelle le corps sort du repos, et, dans ce cas, en égalant aussi la résistance à la puissance, vous n'avez qu'un équilibre stable et non un travail produit uniformément. Donc, encore une fois, la simultanéité d'action de la puissance et de la résistance est incompatible avec l'uniformité du mouvement.

5. Si, malgré une telle incompatibilité, vous voulez faire agir la puissance sur la résistance d'une manière continue, comme en faisant couler de l'eau dans un canal très peu incliné, par exemple, puisque c'est la résistance qui augmente dans un plus grand rapport que la puissance, elle finit par détruire presque tout le mouvement. Ainsi le liquide en coulant dans un tube suffisamment long et très étroit finit par ne plus pouvoir sortir que goutte à goutte à l'extrémité du tube, parce que le frottement détruit plus de mouvement que la gravité n'est capable d'en communiquer pour le vaincre en parcourant le même espace.

6. Dans tous les autres cas où la puissance et la résistance peuvent agir indépendamment l'une de l'autre; elles le font; le mouvement est nécessairement soumis à des variations périodiques. De là le mouvement ondulatoire, les secousses, le bruit des machines et surtout ces oscillations incommodes du frein dynamomètre avec lequel on essaie de mesurer leur effet utile. De là enfin toutes ces irrégularités, tous ces accidens variés, mais resserrés dans des limites assez rapprochées, qu'on attribue faussement à leur imperfection. La prétention à la découverte d'un mouvement rigoureusement uniforme dans une machine, quelque parfaite qu'on suppose celle-ci, serait aussi fausse que la prétention à la découverte du mouvement perpétuel.

7. Parmi les résistances de différentes espèces qu'on peut opposer au mouvement d'un corps, il en est une sur la nature de laquelle les savans nous paraissent s'être trompés gravement jusqu'ici. C'est la résistance qu'on oppose à un mobile sur tous les points d'une courbe, pour l'empêcher de suivre la ligne droite en s'échappant par la tangente. Celle-ci est comme toutes les autres, *un travail*, c'est-à-dire le produit de la pression exercée sur un point par l'étendue de l'espace ou de l'arc parcouru. C'est donc à tort qu'on la considère et qu'on la fait entrer dans les calculs comme une force, comme une puissance réelle. C'est donc à tort qu'on en assimile les effets, soit en statique soit en dynamique, à ceux de la gravité. Des molécules matérielles obéissant à cette tendance à suivre la ligne droite dans un tube horizontal, animé d'un mouvement circulaire informé, peuvent bien y prendre une vitesse accélérée, mais jamais comme les corps soumis à la gravité; jamais une vitesse proportionnelle à la *racine carrée* de l'espace parcouru pendant la durée de l'accroissement. D'autres molécules peuvent bien se presser contre la paroi d'un vase, mais sans pouvoir jamais agir les unes sur les autres en vertu de cette pression, en cas de rupture d'équilibre, comme en vertu de l'action de la pesanteur; sans pouvoir jamais donner lieu à un écoulement suivant le principe de Torricelli. Voilà pourquoi les faits démentent si formellement les calculs des auteurs; voilà pourquoi la théorie des roues à réaction se trouve aujourd'hui à refaire entièrement.

8. Et avec cette théorie, tout le système du monde moderne; car, si la tendance d'un corps à suivre la ligne droite n'est pas réellement une force, une puissance, mais un travail, une résistance, on ne peut plus se permettre de l'égaler par une équation, à une puissance réelle, à la gravité, pour obtenir un mouvement circulaire *uniforme*. La loi de l'homogénéité des quantités soumises au calcul le défend expressément. Et si le mouvement circulaire uniforme est impossible seulement avec une impulsion primitive et la gravité, le mouvement suivant des sections coniques, qui n'est qu'une modification du premier, le devient également. Par conséquent, pas plus d'uniformité, pas plus de régularité, pas plus de perpétualité dans le mouvement des corps célestes avec des impulsions tangentielles et la gravité, que dans les machines de nos ateliers.

9. Nous ne disons point que la gravité n'existe pas dans le ciel, suivant les lois découvertes par Newton; nous nions uniquement qu'elle puisse y produire, seulement avec des impulsions primitives, les mouvemens observés. Nous soutenons que le système est incomplet et que la gravité est une puissance aussi insuffisante pour produire seule l'ensemble des phénomènes célestes, que pour produire celui des phénomènes terrestres. Enfin nous croyons fermement que les cieux racontent d'autres merveilles que celles de la gravité.

10. Quant à l'application du principe et de l'équation des forces vives au mouvement relatif, elle revient toujours à celle du mouvement circulaire

un mobile autour d'un point fixe, car le mouvement rectiligne et le mouvement circulaire comprennent les élémens de tous les mouvemens possibles. Or, cette équation, telle qu'on la donne dans les traités de mécanique rationnelle, suppose trois forces agissant parallèlement dans l'espace à trois lignes rectangulaires, servant à déterminer à chaque instant la position du mobile; et dans la mécanique industrielle ou appliquée, elle suppose la force centrifuge réellement capable de faire constamment équilibre dans un mouvement circulaire uniforme à l'action d'une force centrale réelle. L'équation des forces vives n'est exacte en mécanique rationnelle qu'autant qu'on a réellement trois forces accélératrices rectangulaires, et en mécanique industrielle qu'autant qu'on remplacera dans une machine le travail désigné jusqu'ici sous le nom de force centrifuge par une force réelle capable de produire effectivement un tel travail; jusque là les conséquences énoncées dans le numéro précédent subsisteront. Nous les avons toujours soutenues et nous continuerons à le faire comme par le passé, avec la persistance qu'on doit nous connaître maintenant, jusqu'à production de preuves contraires.

Voilà notre hérésie, si c'en est une. Il est vrai que l'existence de la gravité pourra bien supporter le contre-coup d'une rectification d'idée sur la nature de la force centrifuge; il est vrai que de la reconnaissance de son insuffisance à sa négation, le chemin est glissant. En physique comme en politique, le sort des puissances insuffisantes est à plaindre. Mais cela ne nous regarde plus. Grâce à la noble rectification de M. Coriolis, accordée presque autant à la sollicitude des membres les plus influens de l'Académie qu'à la nôtre, la discussion est ouverte de nouveau. Cette rectification a levé de fait l'interdit du doute qui pesait sur les intelligences. La question étant ramenée à connaître la véritable nature de la force centrifuge, devient une question autant de fait que de logique. Pourquoi l'expérience, pourquoi les faits ne montrent-ils pas cette prétendue force où la théorie l'indique, en la considérant comme une puissance capable de balancer l'action d'une force réelle? Pourquoi, enfin, les résultats de l'expérience jettent-ils nos théoriciens les plus habiles et les plus célèbres dans un embarras qu'ils se font un devoir de conscience d'avouer publiquement en pleine Académie? Voilà, certes, des circonstances assez aggravantes, pour faire excuser en nous la témérité de renouveler, au moins tous les dix ans, l'expression de nos doutes, surtout encore en réfléchissant que nous en avons acquis jusqu'ici le droit, par des épreuves assez douloureuses, malgré la bienveillance avec laquelle MM. de l'Académie écoutent toujours les dissidens de leurs théories favorites.

F. PASSOT.

FIN.

IMPRIMERIE DE E.-J. BAILLY, PLACE SORBONNE, 2.

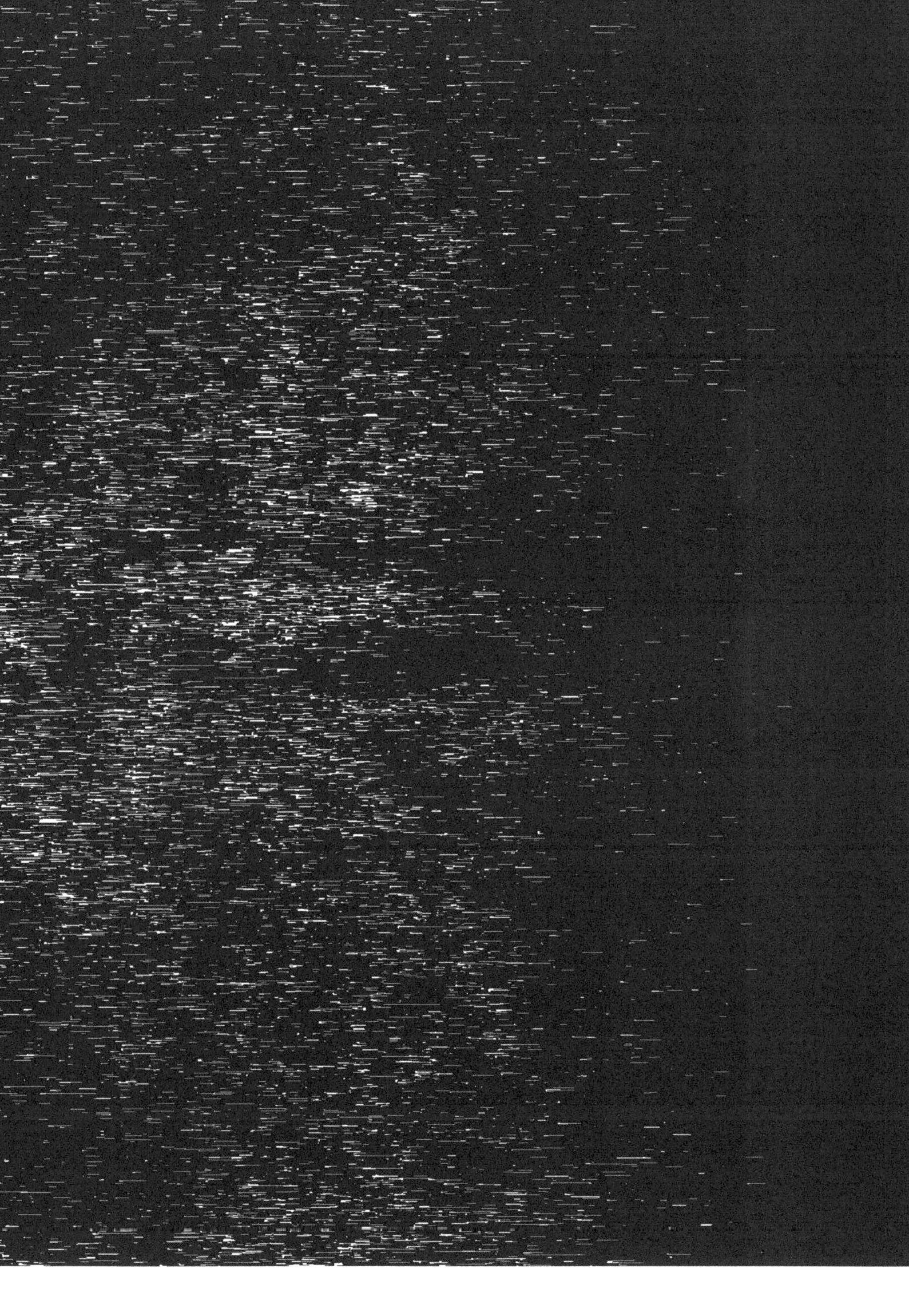

www.ingramcontent.com/pod-product-compliance
Ingram Content Group UK Ltd.
Pitfield, Milton Keynes, MK11 3LW, UK
UKHW012302240726
13966UKWH00004B/1581